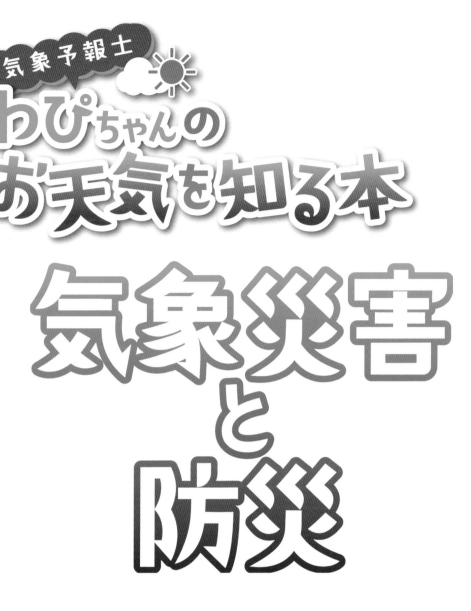

気象予報士

わぴちゃんの
お天気を知る本

気象災害
と
防災

岩槻秀明

いかだ社

2

はじめに

『お天気を知る本』第2巻では、気象災害や防災に関することがらをくわしく取り上げます。

大雨や大雪、台風、竜巻などの気象にともなう災害は、昔から毎年のように発生しており、そのたびに大きな被害が出ています。特に近年は気象災害の影響が大きくなり、「気象災害の激甚化・頻発化」というキーワードをよく耳にするようになりました。

気象災害の激甚化は、災害を引き起こす現象がどんどんはげしくなって、これまでになかったような大きな被害を引き起こすようになることをいいます。そして、その回数が増えることを頻発化といいます。

つまり、これまでであれば数十年に1回、つまり生きているうちに1回経験するかどうかという「大規模な気象災害」が、毎年のように起こるようになってしまっているのです。

その理由の1つとしてあげられているのが地球温暖化などの気候変動ですが、おそらくそれだけではなく、人のくらしかたの変化など、さまざまな理由が関係していると考えられます。

第2巻はその激甚化・頻発化する気象災害について、学べるようにまとめてみました。本書を読むことで、

（1）気象災害の原因となる現象の種類にはどのようなものがあるのか
（2）どういう時に、どういうことに気をつけたらいいのか
（3）気象災害が予想される時どのような情報が発表されるのか

などを知ることができます。

本書で気象災害の基礎知識を学び、自分や大切な人の命を守るための防災行動へとつなげていただけるとうれしいです。

2024年2月　気象予報士わぴちゃんこと岩槻秀明

目次

第1章
天気の種類

　晴、曇、雨、雪、雷など……。みなさんは天気の種類を
いくつ知っていますか?
　第1章は天気についてとりあげます。天気の種類の分け
方にはいくつかの考えがあり、それによって種類数がちが
ってきます。ここでは気象庁天気種類表であげられてい
る15種類の天気を紹介します。また天気の種類と災害の
関係にもふれたいと思います。

雲1つない、すっきりと晴れた快晴の空。

煙霧で遠くのほうがぼんやりと白っぽくかすんで見える。

強い風によって巻き上げられた土ぼこりで、
空全体が茶色くかすんでいる。

シダレザクラの花に降る春の雪。

6

天気とは？

雲の種類や量、大気現象の種類、視程（見通し）など、さまざまな大気の状態を総合的に判断したものを天気といいます。天気の分類法はいくつかありますが、日本では気象庁が定めた15種類の天気がよく使われています。
ちなみに国際基準の分類では、96種類もの天気があります。

15種類の天気一覧（気象庁）

 1 快晴 ➡p8

雲量1以下。

 2 晴 ➡p8

雲量2以上8以下。

 3 薄曇 ➡p9

雲量9以上。巻雲・巻積雲・巻層雲が主体。

 4 曇 ➡p9

雲量9以上。巻雲・巻積雲・巻層雲以外の雲が多い状態。

 5 煙霧 ➡p10

煙霧、ちり煙霧、黄砂、煙、降灰で視程1km未満。

 6 砂じんあらし ➡p10

砂じんあらしで視程1km未満。

 7 地ふぶき ➡p11

高い地ふぶきで視程1km未満。

8 霧 ➡p11

霧または氷霧で、視程1km未満。

 9 霧雨 ➡p12

霧雨が降っている状態。

日本式天気記号はラジオの気象通報用

新聞の天気図に使われていて、理科の教科書にも登場する天気記号は、日本式天気記号と呼ばれています。これはもともとラジオの気象通報用につくられた記号です。日本式天気記号の天気と、気象庁の15種類の天気とでは、その意味に多少のちがいがあります。

記号	天気	意味	記号	天気	意味	記号	天気	意味
◯	快晴	雲量0〜1	⊗	雪	乱層雲などによる雪	⊖	雷	雷鳴と電光がある状態
◐	晴	雲量2〜8	⊗ッ	雪強し	1時間降水量3mm以上	⊖ッ	雷強し	強い雷電がある状態
◎	曇	雲量9〜10	⊗ニ	にわか雪	積雲や積乱雲による雪	∞	煙霧	ちりやほこりで視程2km未満
●	雨	しとしと降るタイプの雨	⊗（下半黒）	みぞれ	雨と雪が同時に降る	Ⓢ	砂じんあらし	はげしい砂あらしが起きている
●キ	霧雨	層雲から降る細かい雨	◉	霧	霧や氷霧で視程1km未満	⊕	地ふぶき	地面の雪が風で巻き上げられる
●ッ	雨強し	1時間雨量15mm以上	△	あられ	氷の直径5mm未満	Ⓢ	ちり煙霧	煙霧の発生源が風じんの場合
●ニ	にわか雨	急にザッと降るタイプの雨	▲	ひょう	氷の直径5mm以上	⊗	天気不明	天気が不明

● 10 雨 ➡p12

✳ 11 みぞれ ➡p13

✳ 12 雪 ➡p13

雨が降っている状態。

みぞれが降っている状態。

雪、霧雪、細氷が降っている状態。

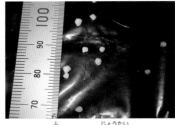

△ 13 あられ ➡p14

▲ 14 ひょう ➡p14

⚡ 15 雷 ➡p15

あられが降っている状態。

ひょうが降っている状態。

雷電または雷鳴がある状態。

※注：もし複数の天気の基準を満たす時は一番大きな番号の天気を選びます。

8

1 快晴 ○

●雲量1以下
●降水や霧などはない

2 晴 ①

●雲量2～8
●降水や霧などはない

とてもよく晴れて、空に雲がほとんどない状態です。

ふつう快晴というと、雲1つない青空をイメージしますが、多少雲があってもよく、雲量1までは快晴として記録します。

晴と曇は、雲量のちがいで決まります。そのため、仮に太陽が雲にかくれていたとしても、雲量が2から8までの間であれば、天気は晴です。ただ空が晴れていても、雨や霧などの大気現象があって、番号5～15の基準を満たす時は、その天気にします。

雲量とは？

空全体のどのくらいの割合が雲でおおわれているのかを0～10の数字で表したものが雲量です。約30％（3割）が雲におおわれていれば雲量3、約50％（5割）であれば雲量5という具合に表します。雲量0は雲1つない空、雲量10は空全体が雲におおわれている状態です。雲量10はさらに、すきまありとすきまなしに分けられます。雲量は数字のほかに記号で表す方法があり、それを雲量記号といいます（p9）。

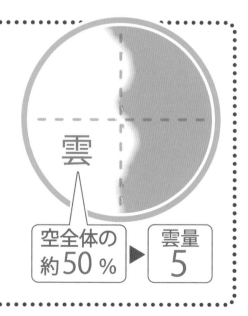

空全体の約50％ ▶ 雲量5

3 薄曇

- 雲量9〜10（巻雲・巻積雲・巻層雲が中心）
- 降水や霧などはない

空のほとんど（雲量9〜10）が雲におおわれているものの、巻雲、巻積雲、巻層雲が主体である場合、薄曇とします。

4 曇

- 雲量9〜10（巻雲・巻積雲・巻層雲以外の雲が中心）　●降水や霧などはない

巻雲、巻積雲、巻層雲以外の雲におおわれて、雲量9〜10となっている場合。雲に多少のすきまがあったり、日が差しこんだりしても、雲量9〜10であれば曇とします。

雲量記号

記号	雲量	天気
◯	0	快晴
◒	1以下	快晴
◔	2〜3	晴
◔	4	晴
◑	5	晴
◕	6	晴
◕	7〜8	晴
◉	9〜10 ※1	曇
●	10 ※2	曇
⊗		不明
⊖		観測しない

※1…すきまあり

※2…すきまなし

5 煙霧 ∞

●煙霧、ちり煙霧、黄砂、煙、降灰で視程1km未満
●視程1km以上でも空全体がおおわれている時

交通障害　健康被害

煙霧は、かわいた微粒子（土ぼこりや煙、黄砂、PM2.5など）が大量に浮遊して、視程1km未満になった状態です。

日本式天気記号の「ちり煙霧」は、強い風で巻き上げられた土ぼこりが浮遊して空が茶色くかすんでいる状態です。

浮遊している微粒子の種類や量によっては、ぜんそくやアレルギーなどの原因になります。

6 砂じんあらし S→

●砂じんあらしで視程1km未満

交通障害　健康被害

砂じんあらしは、いわゆる砂あらしのこと。土ぼこりが風とともに空高く、はげしく巻き上げられ、視程1km未満になった状態です。砂漠地帯に多く、日本ではあまり発生しません。

見通しが悪くなるため、交通に影響が出るほか、土ぼこりを吸いこむと、ぜんそくなどの原因にもなります。

7 地ふぶき

●地面に積もった雪が風で巻き上げられる
●視程1km未満

交通障害

地面に積もった雪が、強い風によって巻き上げられて、まるでふぶきのようになった状態を「地ふぶき」といいます。寒い地域で見られる現象で、雪が降っていない時にも起こります。

晴れていても急に見通しが悪くなるため、交通事故に注意が必要です。

8 霧

●霧または氷霧が発生している状態
●視程1km未満

交通障害

大量の水滴が空中をただよって、視程1km未満になった状態です。霧雨のようにぬれることはありません。

氷霧は大量の氷晶で見通しが悪くなる現象ですが、気温−30℃以下で発生するため、めったに見られません。

! 濃霧注意報

霧で視界が悪くなると交通事故の原因になります。そこで濃い霧の発生が予想される時は濃霧注意報が発表されます。

9 霧雨 きりさめ

●霧雨が降っている状態

分厚い層雲が降らせる雨です。雨粒はふつうの雨よりもはるかに小さく、直径0.5mm未満。まるで霧（p11）のようですが、それより粒が大きいため、かさをささないとしっかりぬれてしまいます。

10 雨 あめ

●雨が降っている状態

土砂災害　浸水　洪水

雨は、空から水滴が降ってくる現象です。降ってくる雨粒の大きさはその時の状況によってずいぶんちがいますが、ふつうは直径1〜3mmくらいです。雨がたくさん降ることを大雨といいます。大雨の時は、土砂災害や浸水（家などが水につかること）、洪水（川の水があふれること）に注意が必要です。大雨災害は24ページでくわしく紹介します。

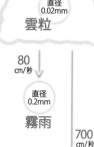

1cm/秒
直径0.02mm
雲粒

80cm/秒
直径0.2mm
霧雨

700cm/秒

直径2mm

雨

●雨粒の大きさと
　落下速度の目安

雨粒が大きくなればなるほど、落下速度もどんどん速くなる。

11 みぞれ ※

●みぞれが降っている状態

みぞれは雨と雪がまじって降ってくる現象です。気温が高めで、落ちてくる雪が途中で少しだけとけた状態です。

その年の冬に初めて降る雪のことを初雪と呼びますが、みぞれでも初雪として記録されます。

12 雪 ※

●雪、霧雪、細氷が降っている状態

交通障害　建物被害　停電

雪は雲の中でつくられた雪の結晶が降ってくる現象です。

天気の分類では、霧雪、または細氷（p17）が降っている状態も「雪」とします。

雪がたくさん降ることを大雪といいます。大雪の時は事故や車の立ち往生が起こりやすくなります。

また雪の重みで建物がこわれたり、倒れた木が電線にかかって停電したりすることもあります。

大雪による災害は48ページでくわしく紹介します。

13 あられ △
● 雪あられ、氷あられ、凍雨が降っている状態

直径5mm未満の氷の粒、つまり雪あられ、氷あられ、凍雨のどれかが降っている時、天気を「あられ」とします。

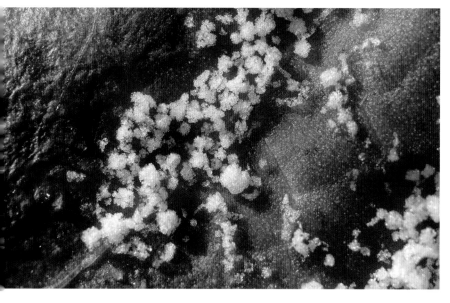

※空から降ってくる氷の粒について、くわしくは16ページ参照。

雪あられ
気温が低い時に降る白くてもろい氷の粒。地面に当たるとピンピンとはねる。

! 雷注意報
雷注意報は、雷だけではなく、ひょうや突風などに対する注意もふくめられています。

14 ひょう ▲
● ひょうが降っている状態

建物被害
農業被害

ひょうは、直径5mm以上の氷のかたまりで、発達した積乱雲から降ってきます。直径1〜3cmくらいのことが多いのですが、時にみかんくらいの大きさのものが降って、農作物や建物などに被害が出ることもあります。

ひょうは直径5mm以上の白くてかたい氷のかたまり。

15 雷（かみなり）

● 雷電（らいでん）または雷鳴（らいめい）がある状態（じょうたい）

落雷（らくらい）　停電（ていでん）

現象名（げんしょうめい）	音（おと）	光（ひかり）
雷電（らいでん）	○	○
電光（でんこう）	×	○
雷鳴（らいめい）	○	×

積乱雲（せきらんうん）の中では、氷（こおり）の粒（つぶ）がはげしくぶつかりあっており、しょうとつ時（じ）に静電気（せいでんき）が発生します。静電気はどんどんたまり、やがて限界（げんかい）に達（たっ）すると瞬間的（しゅんかんてき）に電気（でんき）が流（なが）れます。これが雷（かみなり）です。

この時（とき）に発生（はっせい）する音（おと）を雷鳴（らいめい）、光（ひかり）を電光（でんこう）といい、音（おと）と光（ひかり）の両方（りょうほう）が確認（かくにん）できる状態（じょうたい）を雷電（らいでん）といいます。天気（てんき）としての「雷」（かみなり）は、雷鳴（らいめい）または雷電（らいでん）、つまり音（おと）が聞（き）こえる状（じょう）態（たい）の時（とき）に使（つか）います。光（ひかり）は夜間（やかん）であればかなり遠（とお）くまで届（とど）くため、電光（でんこう）のみの場合（ばあい）は「雷」（かみなり）とはしません。

！ 雷注意報（かみなりちゅういほう）

積乱雲（せきらんうん）が発生（はっせい）して、雷（かみなり）が鳴（な）る可能性（かのうせい）がある場合（ばあい）は雷注意報（かみなりちゅういほう）が発表（はっぴょう）されます。

対地放電（たいちほうでん）（落雷（らくらい））

雲（くも）と地面（じめん）の間（あいだ）で電気（でんき）が流（なが）れた状態（じょうたい）。落雷（らくらい）、または雷（かみなり）が落（お）ちたと呼（よ）ばれることが多（おお）い。

雲放電（くもほうでん）

雲（くも）と雲（くも）の間（あいだ）、または雲（くも）から空中（くうちゅう）へと電気（でんき）が流（なが）れた状態（じょうたい）。電気（でんき）は地面（じめん）には到達（とうたつ）していない。

幕電（まくでん）

遠（とお）くにある積乱雲（せきらんうん）が、電光（でんこう）によってぼんやりと明（あか）るく浮（う）かびあがって見（み）える状態（じょうたい）。

降水のしくみ

水滴のみからなる雨（あたたかい雨）

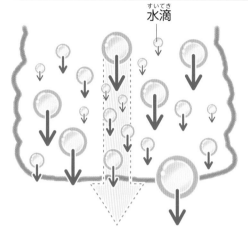

水滴

　雲の中が水滴だけの時に降る、雨のメカニズムです。雲の中には、さまざまな大きさの水滴があります。大きい水滴ほど速く落ちるため、大きめの水滴は、落下しながら下のほうにある小さな水滴を取りこみ、さらに大きく成長します。水滴はさらに落下を続け、最後は地面に到達します。熱帯地方に多い雨の降りかたですが、日本でも台風接近時などに見られます。

ひょうの降るしくみ

　ひょうは発達した積乱雲から降ります。雲の中の氷の粒は、強い上昇気流によって、下から何度も吹き上げられ、0℃の線を行ったり来たりします。0℃以下のところで過冷却雲粒（氷点下でも凍らない水滴）を取りこみながら大きくなり、0℃以上のところで表面が少しとけて、また0℃以下のところで……というのをくり返しながら成長していきます。やがて上昇気流が支えきれないくらいの重さになると、地面に向かって落下します。

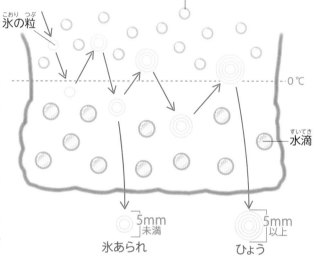

過冷却雲粒

氷の粒

水滴

0℃

5mm
未満

氷あられ

5mm
以上

ひょう

ひょう

氷あられ

ひょうも氷あられも、積乱雲から降ってくる氷の粒。粒の直径が5mm以上であればひょう、5mm未満の場合は氷あられ。

氷晶がもとになって降る雨（つめたい雨）

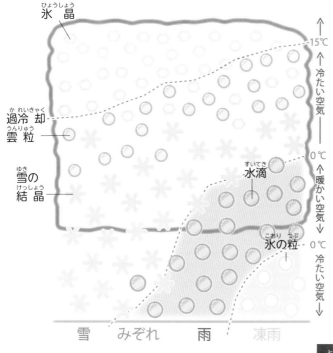

氷晶

過冷却
雲粒

雪の
結晶

水滴

氷の粒

↑
↑冷たい空気 ─ -15℃

↑暖かい空気↓ ─ 0℃

─ 0℃
冷たい空気↓

雪　　みぞれ　　雨　　凍雨

日本付近で降る雨の多くが、このメカニズムで降ります。空の高いところで、水蒸気がちりなどに凍りついて氷晶となります。氷晶は雲の中で成長して雪の結晶となり、やがて地面へと落ちていきます。雪の結晶がそのまま地面に到達すれば雪、とけて雨粒となって落ちてきたのが雨、少しだけとけて雨と雪がまじった状態がみぞれです。

　一度とけて雨粒となった後、冷たい空気にふれて雨粒が凍り、氷の粒となって降ることがあります。これが凍雨です。

細氷（ダイヤモンドダスト）

　寒さのきびしい地域で、冬に見られる現象です。おだやかに晴れ、最低気温−10℃以下に冷えこんだ朝、空気中の水蒸気が凍って、とても小さな氷晶になって降ってきます。氷晶に太陽光が当たるとキラキラとかがやき、ときに太陽柱などのハロが見られます。

凍雨

直径5mm未満の透明な氷の粒。球形のことが多いが、形には変化がある。ふつう乱層雲から降る。

霧雪

小さな氷の粒で大きさは1mm未満。地面に当たってもはねない。分厚い層雲から降る。

第2章
気象災害

大雨、大雪、台風、竜巻……。

自然は時にはげしく荒れ、わたしたちの命やくらしをおびやかします。人々のくらしは、昔からさまざまな気象災害とのたたかいの中にありました。

近年は地球温暖化などの影響もあり、気象災害はよりはげしいものになりつつあります。

第2章は気象災害についてとりあげていきます。また身を守るための手助けとなる、さまざまな防災情報についても紹介していきます。

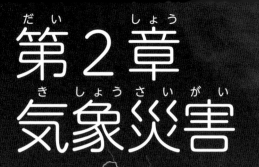

記録的大雨によって、低いところが完全に水びたしになってしまった。

落雷の様子。直撃を受けると危険なほか、
停電や電気製品の故障、火災などの原因
にもなる。

なだれ。雪が全部くずれ落ち、地面がむき出しになる
「全層なだれ」と呼ばれるタイプ。

台風接近時の高波。波にのまれると非常に危険。

気象災害とは？

雨や風、雪など、気象が原因となって起こる災害を気象災害といいます。
わたしたちの住む日本は、毎年のように台風がやってきて、冬は日本海側を中心に家がうもれてしまうくらいの大雪が降るなど、昔からたびたび大きな気象災害に見舞われてきました。今後、地球温暖化が進むと、これまで経験したことのないような、とても大きな気象災害が発生して、命やくらしが危険にさらされるおそれがあります。

第2章は気象災害について基本的なことを紹介したいと思います。

特に大きな災害を引き起こす4つの現象

大雨 ➡p24

雨がたくさん降る。

暴風・強風 ➡p36

風が強く吹く。

大雪 ➡p48

雪がたくさん降る。

積乱雲 ➡p56

落雷や竜巻、ひょうなど。

気象警報・注意報など

情報の種類	情報の意味	現象・災害の種類
早期注意情報	今後、警報レベルの現象が起きる可能性あり。	大雨、暴風、暴風雪、大雪、波浪、高潮
注意報	災害が発生する可能性あり。注意が必要。	大雨、洪水、強風、風雪、大雪、波浪、高潮、雷、融雪、濃霧、乾燥、なだれ、低温、霜、着氷、着雪
警報	大きな災害への警戒が必要。	大雨、洪水、暴風、暴風雪、大雪、波浪、高潮
特別警報	これまでに経験したことがないような重大な危険がさしせまる異常事態。すぐに命を守る行動を。	大雨、暴風、暴風雪、大雪、波浪、高潮

　気象災害が起きる可能性がある時は、気象庁からさまざまな情報が発表されます。その1つが注意報や警報、特別警報です。

　注意報は、災害が発生する可能性がある時に注意を呼びかけるための情報です。

　警報は、社会が混乱するような大きな災害が発生するおそれがあるため、警戒するように呼びかけるための情報です。

　特別警報は、いわば「緊急事態宣言」のようなもの。50年に1回あるかどうかという非常に危険な状態になっているため、今すぐに命を守るための行動をとる必要があります。

　それから、今後雨や風、雪などが強まって、警報を発表するような状態になるかもしれない時、早めに注意を呼びかける情報として、早期注意情報があります。早期注意情報が発表された時は、気象情報をこまめにチェックしましょう。

長期緩慢災害

　雨がほとんど降らない日が続いて水不足になるひでり、夏なのにすずしい日が続いて作物がよく育たない冷害（冷夏）など、長い時間をかけてじわじわと被害が出てくるものを長期緩慢災害といいます。大雨などのようにはげしいものではありませんが、水不足や、米や野菜の高騰（値段が高くなること）などでくらしに大きな影響が出ます。

ひでりでダムの水がかなり少なくなっている。

気象災害の種類一覧 （主なもの）

要素	自然災害の種類		説明
雨	大雨	洪水	雨で川の水が増え、あふれる。大きな水害のもと。
		浸水	ものが水に浸ったり、建物や地下街に水が入りこむ。
		土砂災害	がけ崩れや土石流など。人や建物への被害、道路の寸断など。
	長雨		雨がずっと降り続く。米や野菜の不作など。
	少雨		雨がまったく降らず水不足に。農作物にも影響。
風	強風	強風・暴風	強く吹く風で人や建物などに被害。交通にも影響。
		風じん	いわゆる砂あらし。交通障害や健康被害の原因に。
		塩害	波しぶきが風で飛ばされ、塩分が付着して起こる被害。
雪		大雪	たくさん積もった雪で人や建物に被害。交通にも影響。
		落雪	屋根などの雪が落下。巻きこまれると危険。
		着雪	湿った重たい雪があちこち付着。停電や倒木など。
	融雪	融雪洪水	大量の雪どけ水による川の増水。
		なだれ	斜面の雪が勢いよくくずれ落ちる。
		土砂災害	大量の雪どけ水やなだれによる土砂災害。
	風雪・暴風雪		強い風と雪で見通しが悪くなり、交通に影響。
積乱雲	落雷		雷で人や建物に被害。火災や電気製品の故障など。
	ひょう		ひょうが降り、人や建物、農作物などに被害。
	はげしい突風		竜巻など、短時間に発生する局地的で破壊的な風。
	局地的大雨		急に降るはげしい雨。都市部で被害が出やすい。
気温	異常低温	冬季	路面凍結、水道管の凍結・破損など。
		夏季	いわゆる冷夏。米や野菜の不作など。
	異常高温	夏季	猛暑による農作物の被害、熱中症など。
湿度	異常乾燥		空気の乾燥した状態が続く。
霧	濃霧		濃い霧で見通しが悪くなり、交通などに影響。
煙霧	光化学スモッグ		大気汚染物質が日射などで有害物質に変化。
	黄砂		黄砂による健康被害、洗濯物のよごれ、視界不良による交通障害。
海	高波・うねり		台風などで波が高くなる。海の事故の原因に。
	高潮		台風などで潮位が異常に高くなる。

　上の表は、気象災害にはどんな種類があるのかまとめたものです。気象災害はとても種類が多く、これでも全部は紹介しきれていません。

　1つの現象で、いくつもの災害が発生することがあります。たとえば強風（風が強く吹くこと）は、風じん（p41）を引き起こすことがあります。また海の波しぶきを運んできて、その塩分が停電などの被害をもたらすことがあります。

　またさまざまな種類の気象災害が次々と発生することもあります。たとえば台風は、雨と風による被害はもちろん、竜巻、高波、高潮などあらゆる気象災害に対する警戒が必要です。

マイ・タイムライン

　マイ・タイムラインは、台風や大雨による自然災害の時、自分や家族がどのように行動するのか、あらかじめ計画を立てておくことをいいます。

　計画を立てておくことで、いざという時、あわてず冷静に行動できるようになります。

　まず計画を立てるにあたり、台風や大雨の時、自分の住んでいる地域にどのような危険があるのか、また避難所はどこにあるのかなどを、ハザードマップをもとに確認します。

　それから、家庭の状況（家族の人数、ペット、持病、小さな子どもや高齢者がいるかなど）を書き出します。

　そして、台風接近や大雨が予想されてから、災害発生（洪水や土砂災害など）までの間に、自分がどのように行動するのか、タイムテーブルを作成します。学校のある日、お休みの日など、いくつかパターンをつくっておくとよいかもしれません。

　あわせて、防災情報の種類と確認方法、非常持ち出し袋に入れる中身、緊急連絡先など必要な情報も記入して、目に見える場所に貼っておきましょう。

　マイ・タイムラインのつくり方は国土交通省や自治体などのホームページにくわしく掲載されています。インターネットで検索して調べてみましょう。

1 必要な情報を集める

ハザードマップから、住んでいる場所にどんな危険があるのか、いざという時の避難所はどこなのかを調べる。

家族の人数、ペット、小さな子どもや高齢者がいるか、持病など、避難の時に必要な家庭の状況を書き出す。

2 タイムラインづくり

台風接近や大雨が予想されてから、災害が発生するまでの間、どのような行動をとるのか、表をつくる。

学校がある日、休みの日などいくつかパターンをつくる。

防災情報の確認方法、避難時の持ち物、緊急連絡先など必要な情報を書きこむ。

	警戒レベル	わたしの行動
○日頃、台風が近づく可能性が高い		
明日から雨や風が強くなる予報		
雨が強まり、大雨注意報発表	2	
雨がさらに強まり、大雨警報発表	3	

▲タイムラインの例

3 すぐ見える場所に貼る

すぐ確認できる場所に貼り、時々見直しをしよう。

マイ・タイムラインはあくまで行動の目安として作成するものです。実際には、その時々の状況に応じて、臨機応変に行動するようにしましょう。

大雨による災害

土砂災害、浸水、川のはんらんに気をつけよう

気象災害を引き起こすくらいにたくさんの雨が降ることを、大雨といいます。雨がたくさん降ると、地面がやわらかくなってがけや山がくずれたり（土砂災害）、道路や家、地下街が水につかってしまったりする（浸水）ことがあります。また川の水があふれて（はんらん）、町全体が水びたしになってしまうこともあります。

どういう時に大雨となりやすいのか、また大雨の時は、どのような情報が発表されて、どういうことに気をつけたらよいのか紹介していきます。

雨の強さを表す方法

降った雨がしみこんだり流れたりせず、そのままたまったらどのくらいの水の深さになるのか、それを数字で表したのが雨量です。単位はmm（ミリ）を使います。

雨量（降水量）
降った雨がそのまま地面にたまったときの水の深さ ▶ 雨量 Amm

雨の強さの表現

天気予報で使われる強い雨、はげしい雨などの言葉には、きちんと数字の基準が決められています。それがこの表です。1時間雨量は、1時間に降る雨の量のことで、雨の強さをはかる目安として使われています。

用語	1時間雨量(mm) 以上	1時間雨量(mm) 未満	降りかたの様子など
やや強い雨	10	20	ザーザーと降り、雨しぶきで足元がぬれる。家の中でも雨音で話し声が聞き取りづらい。
強い雨	20	30	かさをさしていてもぬれ、寝ている人の半分くらいが雨に気づく。
はげしい雨	30	50	バケツをひっくり返したような降りかたで、道路が川のようになる。
非常にはげしい雨	50	80	滝のように降り、かさは役に立たない。しぶきであたりは白くなり車の運転は危険。
もうれつな雨	80		恐怖を感じるような降りかた。雨で息苦しさを感じるほど。

※気象庁ホームページをもとに作成

！記録的短時間大雨情報

数年に一度あるかないかの降りかたの雨が記録された時に出る情報。
1時間雨量100mmが発表の目安だが、地域によって多少ちがう。

大雨情報には 5 段階の警戒レベルがある

大雨の時は、さまざまな情報が発表されます。そして、これがどのくらい危険なのかひと目でわかるよう、数字と色を使った「警戒レベル」も示されます。

レベル 3 は、高齢者や障がい者など、避難に時間のかかる人が行動する目安です。大雨警報、はんらん警戒情報、高齢者等避難が当てはまります。

レベル 4 は全員が安全な場所に避難する目安です。土砂災害警戒情報、はんらん危険情報、避難指示が当てはまります。

レベル 5 は「緊急事態」。今すぐ命を守る行動が必要です。大雨特別警報、はんらん発生情報、緊急安全確保が当てはまります。

また大雨警報を発表するような天気が予想される時は、早めの備えを呼びかける情報（早期注意情報）が出されます。

●5 段階の警戒レベルと色分け●

警戒レベルは色でもわかるようになっています。全員避難のレベル 4 は紫色、緊急事態を示すレベル 5 は黒色です。

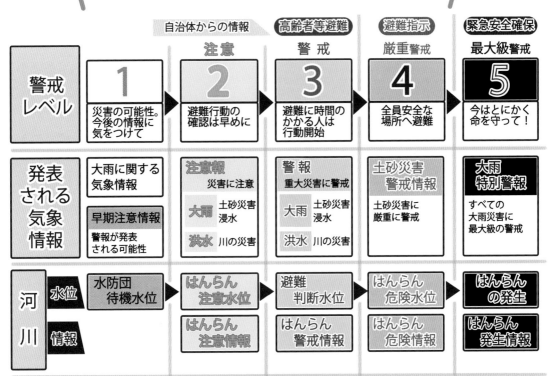

		自治体からの情報	高齢者等避難	避難指示	緊急安全確保
		注意	警戒	厳重警戒	最大級警戒
警戒レベル	1 災害の可能性。今後の情報に気をつけて	2 避難行動の確認は早めに	3 避難に時間のかかる人は行動開始	4 全員安全な場所へ避難	5 今はとにかく命を守って！
発表される気象情報	大雨に関する気象情報 / 早期注意情報 警報が発表される可能性	注意報 災害に注意 / 大雨 土砂災害 浸水 / 洪水 川の災害	警報 重大災害に警戒 / 大雨 土砂災害 浸水 / 洪水 川の災害	土砂災害警戒情報 土砂災害に厳重に警戒	大雨特別警報 すべての大雨災害に最大級の警戒
河川情報 水位	水防団待機水位	はんらん注意水位	避難判断水位	はんらん危険水位	はんらんの発生
河川情報 情報		はんらん注意情報	はんらん警戒情報	はんらん危険情報	はんらん発生情報

2024 年 2 月現在。情報の種類や発表のしかたは今後見直される可能性がある。

記録的短時間大雨情報	数年に 1 度あるかどうかの 1 時間雨量を観測
顕著な大雨に関する情報	記録的大雨の原因となる線状降水帯が発生

大雨になりやすい気象条件

雨雲が発達するのに必要なもの
● 雨雲の材料（水蒸気）
● 雨雲をつくる力（上昇気流）

　大雨になりやすい気象条件には、いくつか共通するものがあります。

　1つは雨雲の材料となる水蒸気がたっぷりと運ばれてくることです。特に梅雨の後半（7月ごろ）は、日本列島に向かって南から水蒸気が大量に流れこみやすくなります。また台風は暖かく湿った空気のかたまりで、南から大量の水蒸気を運んできます。

　もう1つの条件は、雨雲を成長させるのに必要な上昇気流です。大気の状態が不安定になった時、また風が山にぶつかって上昇したり、風と風がぶつかりあったりする時などがあげられます。

梅雨の後半

　6月から7月にかけては梅雨の季節。梅雨前線の影響で雨が降りやすくなります。

　梅雨の後半になると、梅雨前線に向かって、南から大量の水蒸気が次々と日本付近に流れこむことがあります。この水蒸気の流れを「大気の川」といいます。

　また、太平洋高気圧（夏の空気のかたまり）の縁を吹く風と、梅雨前線付近で吹く風がぶつかることが多くなります。

　この「大気の川」と風のぶつかりあいによって雨雲が発達しやすくなります。しばしば線状降水帯（p33）がいくつも発生して、大規模な大雨災害をもたらします。

梅雨はどんな季節？

　春と夏の間にある雨の季節を「梅雨」といいます。沖縄は5〜6月ごろ、本州・四国・九州は6〜7月ごろです。北海道は梅雨がありません。

　梅雨の天気図を見ると、日本列島に長々と梅雨前線が横たわっていて、その南側には太平洋高気圧（夏の空気）があります。梅雨前線の近くは雨雲ができやすいため、雨の日が多くなります。

　7月の後半になると太平洋高気圧が強まり、梅雨前線は北に押し上げられて、はっきりしなくなります。そうなると梅雨明け、本格的な夏の到来です。

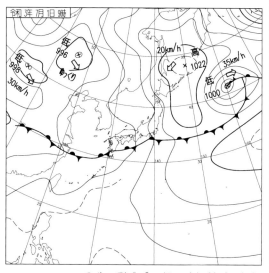

梅雨の天気図の例（気象庁提供）

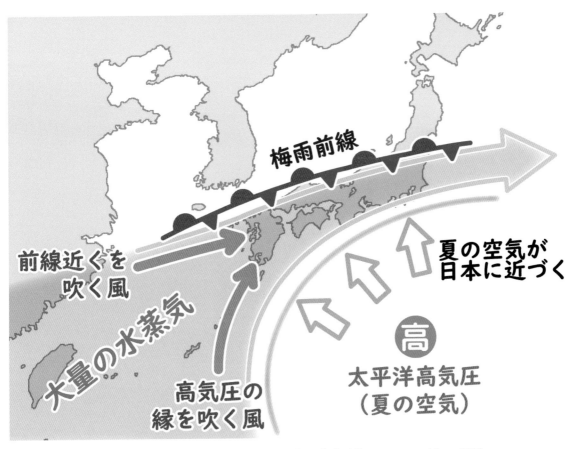

梅雨前線

前線近くを
吹く風

夏の空気が
日本に近づく

大量の水蒸気

高気圧の
縁を吹く風

高

太平洋高気圧
（夏の空気）

梅雨前線に向かって、大量の水蒸気が次々に流れこむような時は、大雨になりやすい。

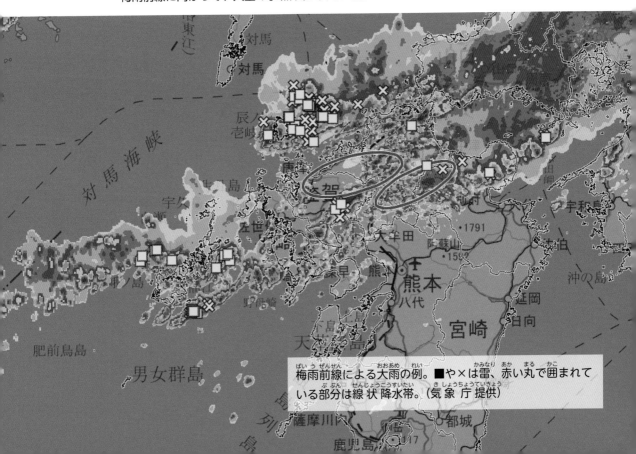

梅雨前線による大雨の例。■や×は雷、赤い丸で囲まれて
いる部分は線状降水帯。（気象庁提供）

台風・熱帯低気圧

　台風や熱帯低気圧は、暖かく湿った空気のかたまりで、雨雲のもととなる水蒸気を大量に運んできます。勢力の強い台風はもちろんのこと、仮に弱まった状態でやってきたとしても、雨雲が発達しやすい気象条件となり、記録的な大雨となることがあります。

　また台風が離れた場所にあっても、暖かく湿った空気が日本付近に流れこんでくることがあり、台風本体の雲が近づく前に大雨となることもあります。

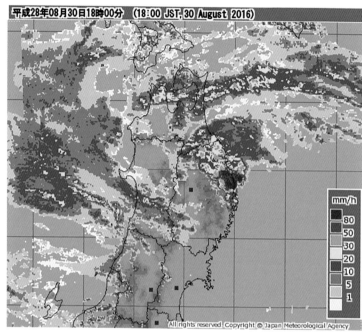

2016年8月30日、岩手県に上陸した直後の台風10号の様子。
記録的な大雨で大きな被害が出た。(気象庁提供)

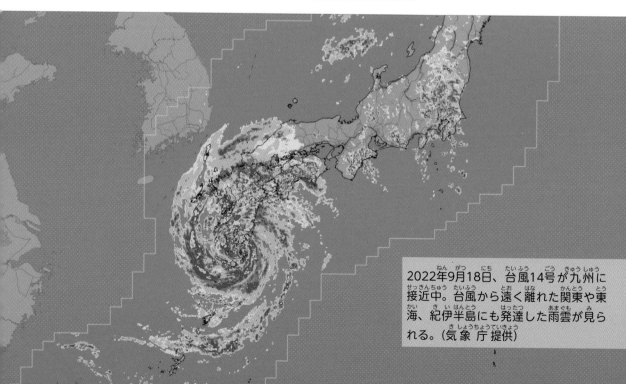

2022年9月18日、台風14号が九州に接近中。台風から遠く離れた関東や東海、紀伊半島にも発達した雨雲が見られる。(気象庁提供)

上空に寒気が流れこむ

上空に寒気が流れこむと積乱雲が発達しやすくなる。

　上空に寒気が流れこむと、地上と上空との間の気温差が大きくなります。するとこの気温差を解消しようと、上下方向の空気のかきまぜ（対流）が発生し、その時に積乱雲が発達します。大雨だけではなく、落雷や竜巻などのはげしい突風、ひょうなどにも注意が必要です。積乱雲については56ページでくわしく説明しています。

台風と前線の組み合わせはとても危険

　梅雨前線や秋雨前線が日本列島に横たわっている時に台風が近づくと大変です。台風から前線に向かって、雨雲の材料となる水蒸気が大量に運ばれるため、台風から離れた場所でも大雨になる可能性があります。

台風と前線の組み合わせの例。
（気象庁提供）

局地的大雨と集中豪雨

局地的大雨と集中豪雨は、どちらも積乱雲がもたらす大雨です。

局地的大雨は「ゲリラ豪雨」とも呼ばれているもので、せまい範囲で短い時間にはげしく降ります。都市部では道路や地下街が水につかるなどの被害が出ることがあります。

一方の集中豪雨は、同じような場所で雨が何時間もはげしく降り続き、記録的な大雨となります。大きな災害につながるとても危険な現象です。

川遊び、晴れていても要注意！

局地的大雨が発生しやすい天気の時は、川の近くも注意が必要です。

ひとたび局地的大雨が発生すると、大量の雨水が一気に川に流れこみます。川の水かさが高くなって中州に取り残されたり、はげしい流れに飲みこまれておぼれたりする危険があります。

今いる場所が晴れていたとしても、油断は禁物です。上流のどこかで大雨になると、そこで降った大量の雨水が流れてきて、川が急に増水することもあるためです。

もし川遊びをしていて、川の水が急ににごってきたり、枝や葉が流れてくるようになったりした時は要注意です。また、川の水が急に少なくなった時も危険のサインです（上流で木などが倒れ、川の水をせき止めている可能性）。そういう時はすぐに川から離れる必要があります。

川遊びをする時は、看板に書かれている注意事項を必ず読み、気象情報をこまめに確認するようにしましょう。

川の近くで遊ぶ時、こういう看板を見つけたら、必ず目を通しておこう。

局地的大雨（ゲリラ豪雨）

積乱雲が降らせる雨で、急にはげしく降り、短い時間でやみます。雨がはげしく降る範囲はせまく、同じ町内でも降っている場所とそうでない場所が分かれるほどです。

上空に寒気が流れこんできた時など、大気の状態が不安定となっている時に起こります。

たとえば、右の4枚のレーダー画像は2023年7月12日に実際に観測されたものです。15時25分の段階では、小さな雨雲が見えるだけですが、その10分後には雨がかなりはげしく降り、雷もたくさん観測されています（図中の×や■）。このように5分、10分で状況が急に悪くなります。

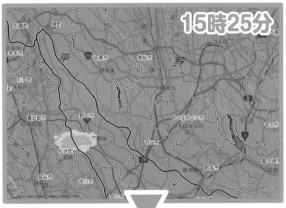

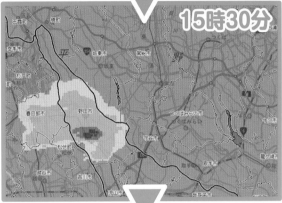

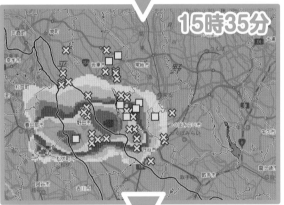

局地的大雨はピンポイントではげしく降るため、雨が柱のように見える。

（レーダー画像は気象庁提供）

集中豪雨

　集中豪雨も、局地的大雨と同様に積乱雲が原因となって発生する現象です。同じような場所で積乱雲ができては消えをくり返し、何時間も雨がはげしく降り続きます。その結果記録的な大雨となり、たった1日で、数か月分の雨が降ってしまうこともあります。

　ひとたび集中豪雨に見舞われると、土砂災害や川のはんらんなど、大きな災害が発生する可能性が高くなります。

　梅雨の季節、それから台風や熱帯低気圧が近づいてきている時は、集中豪雨が起こりやすくなるので、天気予報をこまめにチェックして早めの備えを心がけましょう。

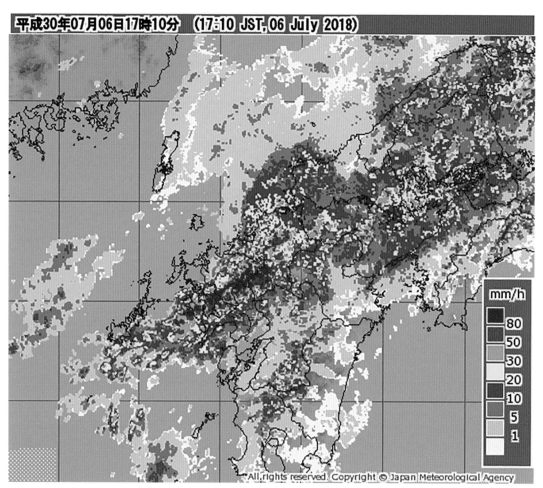

平成30年07月06日17時10分　(17:10 JST, 06 July 2018)

mm/h
80
50
30
20
10
5
1

！大雨特別警報

　今までに経験したことがないような記録的な大雨で、とても危険な「緊急事態」。大きな災害がすでに発生しているか、いつ発生してもおかしくない時に発表される。

2018年7月豪雨（いわゆる西日本豪雨）の1コマで、福岡県、佐賀県、長崎県に大雨特別警報が発表された時の様子。（気象庁提供）

集中豪雨の原因となる線状降水帯

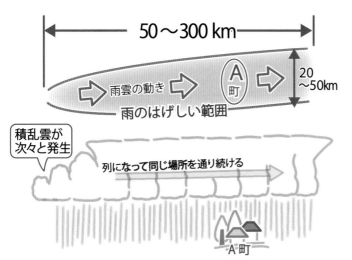

⚠顕著な大雨に関する情報

線状降水帯が発生したと考えられる時に発表される情報。

積乱雲が次々と発生して、列になって同じ場所を通り続ける。雨が何時間もはげしく降り続く。

線状降水帯はたくさんの積乱雲が並んだもので、集中豪雨の原因の1つとして注目されています。レーダーで見た時、赤い部分（雨が特にはげしく降っている場所）が細長い形をしており、同じ場所にかかり続けあまり動かないという特徴があります。

線状降水帯を形づくる積乱雲は、次々発生し列になって同じ場所を通り続けます。1つの積乱雲がぬけても、また次の積乱雲がくるというのをくり返し、雨が何時間もはげしく降り続きます。

今の技術では、いつどこで発生するのか予測するのはむずかしく、今後の課題です。

川の渋滞、バックウォーター現象

大雨で大きな川（本流）が増水すると、その影響でそこに流れこむ小さな川（支流）がはんらんしてしまうことがあります。

本流がめいっぱい増水すると、支流からの水が本流に流れこめず、行き場を失ってあふれてしまうからです。これを「バックウォーター現象」といいます。

バックウォーター現象は、川の水が渋滞したような状態です。本流がはんらんする前に、支流の小さな川が急にはんらんして思わぬ被害を引き起こす原因となります。

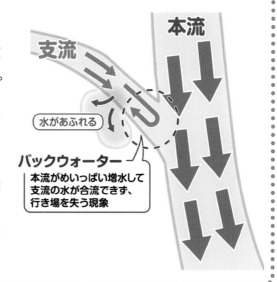

水があふれる

バックウォーター
本流がめいっぱい増水して支流の水が合流できず、行き場を失う現象

大雨の時に特に
気をつけたい3つのこと

（ 土砂災害 　たくさん雨が降ったことで地盤がゆるみ、がけや山がくずれたり、土石流などが発生する。 ）

土石流　がけくずれ
山くずれ

！土砂災害警戒情報
土砂災害が起きる危険がある時に発表される情報。警戒レベル4（全員避難）の情報。

土砂災害を引き起こす現象にはいくつかの種類がある。

降った雨は地面にしみこんでいきます。たくさん雨が降ると、しみこんだ雨水で地盤がゆるくなって、地面がくずれてしまうことがあります。これによって起きる被害を土砂災害といいます。山がごっそりとくずれ落ちる山くずれ、斜面やがけがくずれるがけくずれ、大量の土砂や水が谷すじを勢いよく流れる土石流など、いくつかの種類があります。どれも巻きこまれると命にかかわるため、情報が発表された時や危険を感じる時は、すみやかに安全な場所に避難しましょう。

大雨の時の危険箇所をあらかじめ調べておこう

大雨の時に危険な場所は、ある程度事前に知ることができます。その手がかりとなる地図がハザードマップです。ハザードマップは国や市町村が作成したものをインターネットで見ることができます。
また危険箇所には注意を呼びかけるための看板が設置されていることがあります。これらの情報をもとに、大雨の時の安全な場所はどこか、安全に避難所に行くにはどうしたらよいかなどをあらかじめ調べておくとよいでしょう。

浸水　道路や家、地下街などが水につかる

局地的大雨のあと水びたしになったアンダーパス。

都市部では局地的大雨による突然の浸水にも注意が必要です。都市部では雨水がアスファルトの上にたまり、また排水機能にも限界があります。そのため局地的大雨で急に発生した大量の雨水が行き場を失い、道路を水びたしにしたり、地下街に流れこんだりします。

特にアンダーパス（線路などの下をくぐるような道路）は、水がたまりやすく危険です。

川のはんらん　川の水が堤防を越えて押しよせてくる

関東東北豪雨（2015年）で堤防が決壊する直前の鬼怒川。堤防の上のすれすれにまで川の水がきている。

川の水が増えたり（増水）、あふれたりすること（はんらん）を洪水といいます。洪水警報は、洪水による大きな災害への警戒を呼びかける情報です。

この中でも特に危険なのが、堤防が切れる「決壊」です。決壊が起きると、川の水が一気に街へと流れだします。この水の流れはとてもはげしく、津波の時のような大きな被害が出てしまいます。

川の水位を表す言葉

大雨の時、今の川の水位がどれくらい危険なのかわかるように、名前がつけられています。この中で特に覚えておきたいのが避難判断水位（警戒レベル3）と、はんらん危険水位（警戒レベル4）。はんらん危険水位に到達する前に安全な場所に避難するようにしましょう。

風による災害

暴風警報が出たら外に出るのはやめよう

風が強く吹くことを強風といいます。そして特に強く吹き、大きな災害につながるおそれがある風を暴風と呼びます。

風が強く吹くと、外に置いてあるものが飛ばされたり、電線が切れて停電になったりすることがあります。暴風の時は、建物がこわれてしまうこともあります。

こういう時に無理をして外に出ると、飛んできたものに当たったり、風にあおられて転んだりして、ケガをするかもしれません。特に暴風警報が発表されている時は、外に出るのはやめましょう。

風の強さを表す方法

空気が動くと風が吹きます。空気の動きが速いと、風が強くなります。そのため風の強さ（風速）は、「空気が1秒間に何m移動するか」という「速さ」で表します。風速1mなら空気が1秒間に1mの速さで動いているという意味になります。

風速1m

1秒間に
1m移動

空気

風に関する注意報・警報の場合、注意報は「強風」、警報・特別警報は「暴風」と呼び名が変わる。また、雪で風が強い時は、注意報は「風雪」、警報・特別警報は「暴風雪」となる。

風が強い時に出る注意報・警報など

情報の種類	意味
強風注意報	強風（目安は平均風速10m/s以上※注）が予想される時、災害への注意を呼びかける
暴風警報	暴風（目安は平均風速20m/s以上※注）が予想される時、大きな災害への警戒を呼びかける
暴風特別警報	「数十年に1度あるかどうかの強さ」の台風、または低気圧によって、危険な暴風が予想される
情報の種類	意味
風雪注意報	強風（目安は平均風速10m/s以上※注）で、いっしょに雪が降ると予想される時、災害への注意を呼びかける
暴風雪警報	暴風（目安は平均風速20m/s以上※注）で、いっしょに雪が降ると予想される時、大きな災害への警戒を呼びかける
暴風雪特別警報	「数十年に1度あるかどうかの強さの台風」と同じくらいの強さの低気圧で、危険な暴風雪が予想される

※注）地域によって基準は多少異なる。

風の強さの表現

　天気予報で耳にする、やや強い風、強い風、非常に強い風などの言葉。これらはただ使っているわけではなく、それぞれにきちんと風速の基準が定められています。その基準をまとめたのが下の表です。

| 用語 | 風速(m) | | 出てくる影響の例 |
	以上	未満	
やや強い風	10	15	風に向かって歩きにくく、かさがさせない。 木全体がゆれる。
強い風	15	20	風に向かって歩けず、転ぶことも。 看板がはずれ、屋根瓦がはがれることも。
非常に強い風	20	30	何かにつかまらないと立っていられず、飛ばされてきたものでケガをする可能性。木の枝が折れたり、プレハブ小屋が倒れたりすることも。
もうれつな風	30	35	外に出るのはとても危険。 走っているトラックが倒れることも。
	35	40	樹木や電柱、街灯が倒れる。 ブロック塀がこわれることも。
	40		家がこわれる可能性がある。 鉄筋の丈夫な建物がゆがむことも。

気象庁ホームページをもとに作成

北風は北から吹いてくる風

　風がどちらの方角から吹いてくるのかを表したのが風向です。もし風が北の方角から吹いてくるのであれば、風向は北となります。また北風、南風のように、方角+風の組み合わせで表現することもあります。

　方角を北、北東、東、南東、南、南西、西、北西の8つに分けることを8方位といい、天気予報では風向はこの8方位で表されます。気象観測ではさらに細かく分けた16方位（右の図）や36方位が使われています。

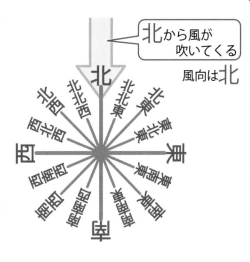

北から風が吹いてくる

風向は北

高気圧・低気圧のまわりで吹く風

　風は気圧の高いところ（高気圧）から低いところ（低気圧）に向かって吹きますが、地球の自転の影響などで向きが少し変えられます。その結果北半球では、高気圧は外に向かって時計回りに風が吹き出し、低気圧は中心に向かって反時計回りに風が吹きこみます。

　さらに、弱いながら上下方向にも空気は動いています。高気圧内は下向きの風（下降気流）、低気圧内は上向きの風（上昇気流）となっています。

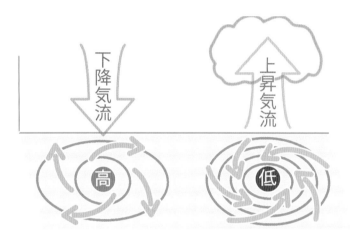

左の図は北半球における高気圧と低気圧の風の流れ。低気圧内は上昇気流があるため、雲ができやすい。

天気図からだいたいの風向を知ろう

　天気図には気圧が同じところを線でつないだ「等圧線」がたくさん描かれています。風は、高気圧周辺は時計回り、低気圧周辺は反時計回りで、それ以外の場所もだいたい等圧線にそうように吹いています。そのため、等圧線の形からだいたいの風向を知ることができます。

北半球では、進行方向右側が高気圧となるように風が吹く。

等圧線がこんでいると風が強くなる

　気圧の高いところは空気分子の数が多くて「密」に、気圧が低いところは空気分子の数が少なくてゆったりとしています。そして空気分子は「密」なところから、すいているほうに移動します。

　この時空気分子のこみ具合の変化が大きいと、ぎゅうぎゅうづめで「密」なところから、すいているところに一気になだれこむようにはげしく動きます。つまり風が強くなります。

　天気図を見た時、等圧線の間隔がせまくてこんでいるところがそういう場所です。そのため天気図から風が強くなるかどうかを判断することができます。

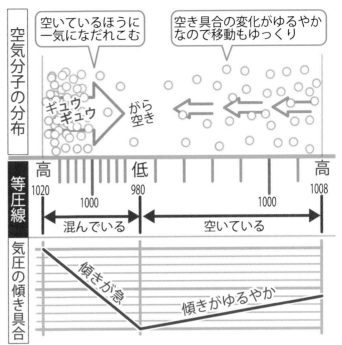

風は気圧の高いところから低いところに向かって吹く。
等圧線がこんでいる場所は、気圧の傾きが大きくなっている。そういう場所では、風が強く吹きやすい。

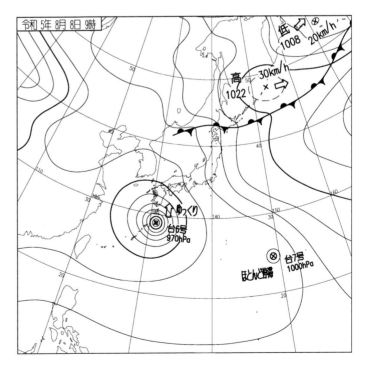

　天気図を見て、大まかな風の流れをつかんでみよう。またどこで風が強く吹いているのか、考えてみよう！
(気象庁提供)

風が強くなる気圧配置

　天気図に描かれている等圧線の線と線の間隔がせまく、こんでいるような場所は、風が強く吹く可能性があります。間隔がせまければせまいほど、風は強まります。

　台風のほかに、低気圧が発達する時や、冬型の気圧配置の時は、全国的に風が強まる傾向があります。それ以外の条件の時でも、等圧線と等圧線の間隔がせまくなっている時は、風が強めに吹くかもしれません。

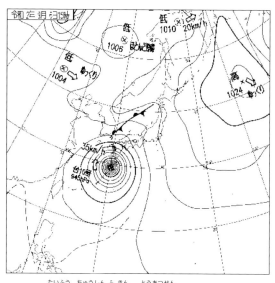

台風。中心付近は等圧線がかなりこんでいて、そのぶん風が強く吹いている。
（気象庁提供）

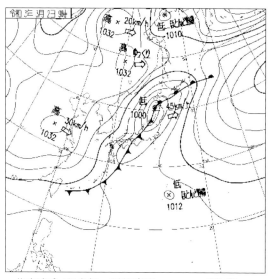

発達中の低気圧。寒冷前線（p42）の東側では南寄りの風が、西側では北寄りの風が強く吹く。（気象庁提供）

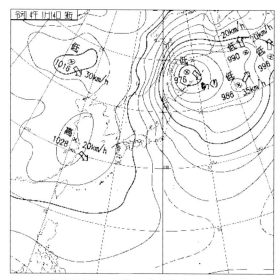

西高東低の冬型の気圧配置。等圧線が縦じま模様に並び、全国的に北寄りの風が強く吹く。（気象庁提供）

最大風速と最大瞬間風速

　風は強弱をくり返しながら吹いています。平均風速が10分間の平均値なのに対し、瞬間風速は、強く吹いた瞬間の風速を表したものです。目安として、瞬間風速は、平均風速の1.5倍程度の強さになるといわれています。

用語	意味
最大風速	風速を10分間平均したもののうち、一番大きな数値
最大瞬間風速	風速を3秒間平均したもののうち、一番大きな数値

風が強い時に気をつけたいこと

　強風が予想される時は、外回りを点検して、置いてあるものが飛ばされないようにしましょう。飛ばされてしまうと、それで誰かにケガをさせてしまうかもしれません。

　特に風が強い時は、飛ばされてきたものに当たったり、転んだりしてケガをするおそれがあるので、外出はひかえましょう。

　台風の時は海の波しぶきが風で吹き飛ばされて、その中に含まれる塩分があちこちについて、それによる被害が出ることがあります（塩害）。

　雪をともなって風が強く吹くと、見通しが悪くなり、吹き集められた雪が高く積みあがる「吹きだまり」ができて、交通にも大きな影響が出ます。

　また晴れていても、土ぼこりや、積もった雪が風で巻き上げられて急に視界がさえぎられることがあります。そういう時は交通事故にあわないように注意が必要です。

塩害
台風のあとの塩害で葉の一部が茶色くなった木。

地ふぶき
晴れていても、風で積もった雪が巻き上げられると急に見通しが悪くなる。

ホワイトアウト
暴風雪の時は、あたりが真っ白になって何も見えなくなってしまう「ホワイトアウト」になることも。

風じん
雨の降らない日が続くと、土ぼこりで見通しが悪くなることも。

低気圧と前線

　周辺と比べて気圧の低い場所を低気圧といいます。天気図では「低」の字で記され、中心には×印があります。

　前線は暖気と寒気がぶつかりあっている場所のことで、暖気と寒気のぶつかりかたによって温暖前線、寒冷前線、停滞前線、閉塞前線の4種類があります。

❶温暖前線　❷寒冷前線
❸停滞前線　❹閉塞前線

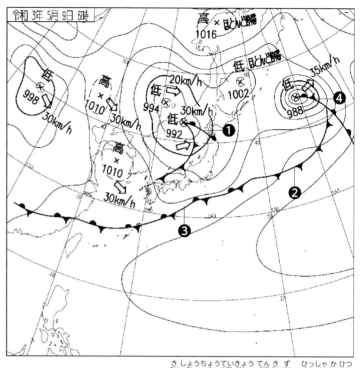

気象庁提供の天気図に筆者加筆

低気圧周辺の雲の分布

　低気圧周辺にできる雲の種類は、ある程度の傾向があります。そして巻雲や巻層雲など、低気圧の外側に現れる種類が、雨の前ぶれになる雲としていわれています。

　低気圧の東側では、暖気が冷気の上をゆっくりはい上がる温暖前線があります。低気圧中心から温暖前線にかけては、乱層雲が広がりしとしと雨が降っています。低気圧の西側にある寒冷前線は暖気の下に寒気がもぐりこむもので、積乱雲が発生して雷雨になります。

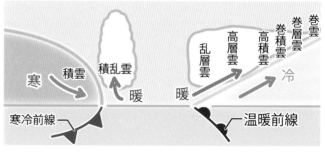

低気圧の一生

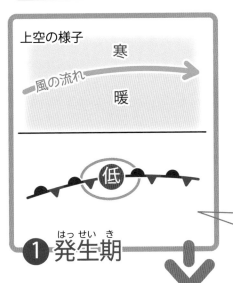

❶ 発生期

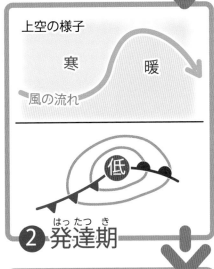

❷ 発達期

❸ 閉塞期

日本付近の上空には偏西風と呼ばれる強い西風が吹き、その北側には寒気、南側には暖気があります。寒気と暖気の間の気温差が大きくなると、偏西風の流れが波打ち、そこに低気圧が発生します。低気圧の周辺では反時計回りに風が吹き、南側の暖気は北側へ、北側の寒気は南側へと引っ張られます。これにより寒気と暖気がかきまぜられて、気温差が解消していきます。

● 停滞前線

ぶつかりあう寒気と暖気の強さがだいたい同じくらいで、なかなか大きく動かないものを停滞前線といいます。日本付近では梅雨期（6〜7月ごろ：梅雨前線）と秋のはじめ（9月ごろ：秋雨前線）によく見られます。

爆弾低気圧

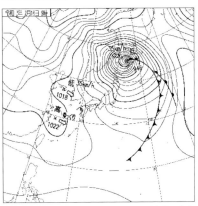

（気象庁提供）

温帯低気圧は、南北の気温差をエネルギーに発達していきます。この気温差が特に大きい時は、急発達して天気がひどく荒れることがあります。24時間のうちに中心気圧が20hPa以上も下がるほど急発達する低気圧は、「爆弾低気圧」と呼ばれています。

台風・熱帯低気圧

台風はたくさんの積乱雲がはげしく渦を巻いたもの

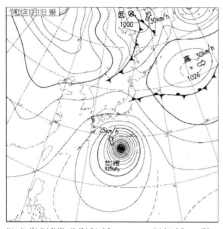 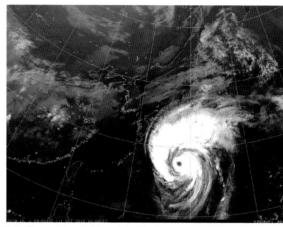

令和元年 東日本台風（2019年台風19号）の天気図と、同じ時間に気象衛星から見た雲の様子。
（いずれも気象庁提供）

　熱帯の海上で発生した熱帯低気圧のうち、中心付近の最大風速が17.2m以上になったものを台風といいます。台風はたくさんの積乱雲が集まって、はげしく渦を巻いたもので、中心には「台風の目」と呼ばれる雲の穴ができます。

　台風は海水温の高い地域で発生・発達します。これは水蒸気が台風のエネルギーのもととなっているためで、海水温が高ければ高いほど、海から補給される水蒸気の量が多くなるからです。

　台風は1年間に約25個発生していて、日本列島にはおもに夏の終わりから秋にかけて近づきます。

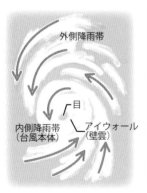 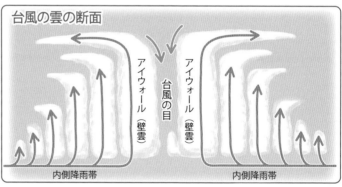

台風の周りでは、たくさんの積乱雲が列になって、中心に向かって反時計回りに渦を巻くように動いていきます。そして中心付近には、「台風の目」を取り囲むように、とても背の高い積乱雲がびっしりと並んでいます。これをアイウォールといいます。

台風の一生

　熱帯の海上では毎日たくさんの積乱雲が発生しては消えをくり返しています。これらの雲がまとまって、1つの大きな雲のかたまりとなったものが「熱帯低気圧」です。雲はやがて渦を巻きはじめ、中心の気圧が下がって、風も急速に強まります。最大風速が17.2mを超える

と、熱帯低気圧から台風へと名前が変わります。台風の渦巻はどんどんはげしくなり、最盛期には台風の目ができることもあります。ピークを過ぎると次第に雲の渦巻はくずれ、最後は熱帯低気圧になるか、冷たい空気を取りこんで温帯低気圧に変化していきます。

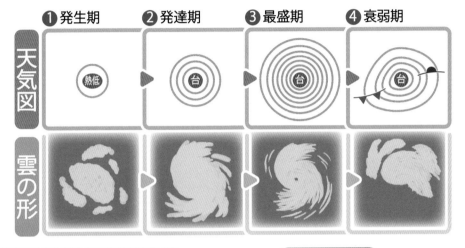

	❶ 発生期	❷ 発達期	❸ 最盛期	❹ 衰弱期

台風とハリケーン、サイクロン

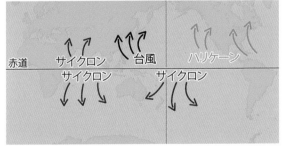

東経180度線

　熱帯低気圧は世界じゅうの海上で発生していますが、発生する場所によって呼び名が変わります。台風は太平洋の北半球側、東経180度線より西側で発生したものをいいます。

温帯低気圧化

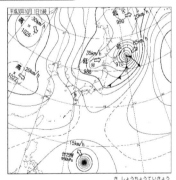

（気象庁提供）

　熱帯生まれの台風は、暖気しかないため前線がありません。しかし北上すると冷たい空気を巻きこんで、暖気と寒気の境目に前線ができ、最終的には温帯低気圧（p43）に変わります。しかし温帯低気圧化しても油断は禁物。むしろ風が強く吹く範囲が広がることもあります。

台風の基本情報

台風情報は、台風の基本情報（プロフィールのようなもの）と進路予想、雨や風などの予想、防災上注意が必要なことなどから成り立っています。

台風の基本情報には、中心気圧、最大風速、最大瞬間風速、進路（進行方向と進行速度）、現在位置などが記されています。

勢力の強い台風ほど、中心気圧は低くなり、最大風速は大きくなります。

また必要に応じて、大きさや強さの表現が加えられることがあります。

基本情報のイメージ

台風 XX 号

大きさ　大型
強さ　非常に強い
中心気圧　935 hPa
最大風速　45 m/s
最大瞬間風速　60 m/s
進路　北北東 / 10km

大きさの表現	強風域の半径(km)	
	以上	未満
-		500
大型	500	800
超大型	800	

区分／強さの表現		最大風速（m）	
		以上	未満
熱帯低気圧			17.2
台風	-	17.2	32.7
	強い	32.7	43.7
	非常に強い	43.7	54.0
	もうれつな	54.0	

進路予想の見かた

台風が今後どういう動きをするのかを表したのが台風進路予想図です。進路予想図には、これまでの台風の経路、それから台風の現在位置、そして今後の予想の3つが書きこまれています。今後の予想は「予報円」という形で表されます。

予報円は、その時間に70％の確率で台風の中心がくるだろうと考えられる場所を丸く囲んだものです。進路が定まらず、中心の位置を予測するのがむずかしい時は、予報円がとても大きくなります。

台風が風速25m以上の暴風域をともなっている時は、もし予報円どおりに進んだ時に、暴風域に入る可能性が高い場所を囲んだ「暴風警戒域」も表示されます。

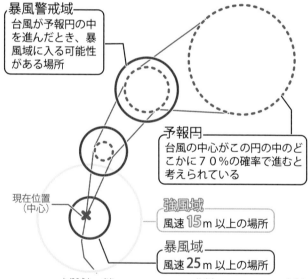

暴風警戒域 — 台風が予報円の中を進んだとき、暴風域に入る可能性がある場所

予報円 — 台風の中心がこの円の中のどこかに70％の確率で進むと考えられている

現在位置（中心）

強風域 — 風速15m以上の場所

暴風域 — 風速25m以上の場所

だんだん予報円が大きくなるのは、時間がたつにつれ予測に幅が出てきて、進路を特定しづらくなるため

台風による高波

台風の時は、海の様子にも警戒が必要です。特に波は、台風がまだ遠く離れた場所にあるうちから高くなってきます。

夏の土用（7月20日ごろ）に、はるか南海上にある台風から届く波は、昔から「土用波」と呼ばれています。風もなく晴れているからと海水浴にでかけ、油断して高波にのまれてしまわないよう、注意を呼びかける言葉です。

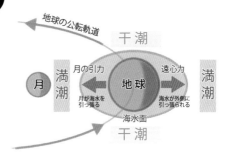

台風が近づいて波がかなり高くなっている。こういう時は海に近づくのはやめよう。
（望遠レンズを使い、離れた場所から撮影）

津波と同じくらい危険な高潮

台風が近づくと、海面がどんどん高くなり、ひどい時は海ぞいの地域が海水につかってしまうことがあります。これが高潮です。気象津波という別名があるほどで、昔から多くの人の命をうばってきました。

台風による高潮は、おもに吸い上げ効果と吹き寄せ効果の2つによるものです。台風接近と満潮の時間が重なると潮位はより高くなります。さらに1年のうちでもっとも潮位が高い「大潮」の時期に重なると、一段と潮位が高くなります。

地球の公転軌道

干潮

月の引力　遠心力

月　満潮　地球　満潮

月が海水を引っ張る　海水が外側に引っ張られる

海水面

干潮

◆満潮と干潮

潮位は月の引力などの影響を受け、1日のうちでも大きく変わる。潮位の高い時間帯を満潮、潮位の低い時間帯を干潮という。

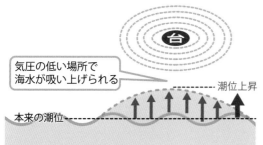

台

気圧の低い場所で海水が吸い上げられる

潮位上昇

本来の潮位

◆吸い上げ効果

気圧が低い場所では海水が吸い上げられて、潮位が高くなる。目安として1hPa下がるごとに1cmずつ高くなるといわれる。

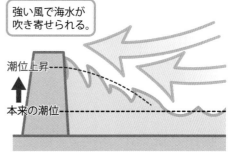

強い風で海水が吹き寄せられる。

潮位上昇

本来の潮位

◆吹き寄せ効果

風によって海水が吹き寄せられ、潮位が高くなる。沖から岸に向かって風が強く吹く時は要注意。

大雪による災害

雪の降りかたは地域によってちがう

北日本の山間部や、本州の日本海側などは、冬はくもりや雪の日が多く、積雪1m以上が当たり前の地域もあります。日本海側の雪は冬型の気圧配置となって、北西の風とともに大陸から強い寒気が流れこんできた時に降ります。雪は何日も降り続き、見通しのきかないような猛吹雪となることもあります。

一方で東京や名古屋、大阪などの太平洋側では、本州の南海上を低気圧が進む「南岸低気圧」と呼ばれる気圧配置の時に雪が降ります。降る時間は短いものの、20cmを超えるような積雪となることもあります。

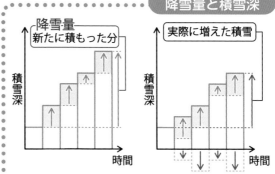

降雪量と積雪深

降雪量は、新たに降り積もった雪のことをいいます。たとえば明日朝までの予想降雪量50cmという時は、新たに50cm分の雪が積もる可能性があるという意味です。

一方ですでに積もった雪は時間とともにとけたり圧縮されたりしていきます。そのため新たに50cmぶん降ったとしても、とけたり圧縮されたりした分が差し引かれるため、積雪が必ず50cm増えるとはかぎりません。

大雪の時に気をつけること

　雪が降っている最中、雪が積もった後、そして雪がとける時、それぞれに注意すべきことがあります。

　まず雪が降っている時は、雪による交通障害、着雪による停電などに注意が必要です。

　雪が積もった後は、道路が凍結することがあります。凍結するとすべりやすくなるため、転んだり事故に巻きこまれたりしないよう気をつけましょう。雪の多い地域では、屋根などから落ちてくる雪（落雪）に巻きこまれると大変危険です。

　春が近づいて雪がとけはじめると、なだれが起こりやすくなります。また特に雪の多い地域では、大量の雪どけ水によって、土砂災害や浸水、川のはんらんなど、大雨の時と同じような災害が起きることがあります。

屋根などからの落雪

雪の多い地域では、屋根などから落ちてくる雪に巻きこまれると、とても危険。軒下には近づかないようにしよう。

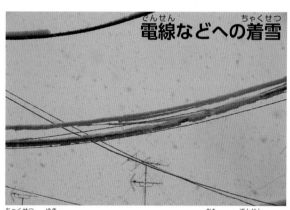

電線などへの着雪

着雪は雪があちこちにくっつくこと。重みで電線が切れたり、木が倒れたりする。停電や交通への影響がある。

路面凍結

雪が積もった後に冷えこむと、道路が凍ってすべりやすくなる。歩く時は転ばないように気をつけよう。

なだれ

なだれは斜面に積もった雪が一気にくずれ落ちる現象。破壊力がとても強く、巻きこまれると命にかかわる。

日本海側で降る雪

　冬の日本付近は、西に高気圧、東に低気圧があって、等圧線が縦じま模様に並ぶ「冬型の気圧配置」の日が多くなります。これによって北西の風が吹き、北からの寒気が流れこんできます。

　寒気は日本海を吹きわたる時に、日本海から水蒸気と熱の補給を受けます。水蒸気は雪雲の材料に、熱は雪雲をつくるエネルギーとなって、雪雲が次々とでき、それが日本海側の各地にかかります。しかしこの雪雲は、高い山脈をなかなか乗り越えられません。そのため太平洋側では雪が降りにくく、乾燥した晴れの日が続きます。

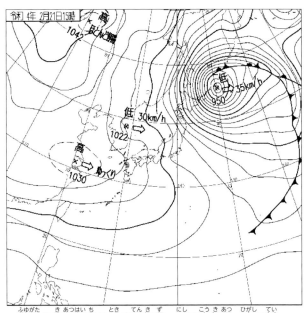

冬型の気圧配置の時の天気図。西に高気圧、東に低気圧があり、日本付近で等圧線が縦じま模様に並ぶ。
（気象庁提供）

冬型の気圧配置になると、日本海側や山沿いでは雪の日が多くなる。地域によっては1m以上雪が積もるところもある。

冬型の気圧配置になると、太平洋側では晴れの日が多くなる。空気がカラカラに乾いて、火災が起こりやすくなる。

寒気

海面からの熱や水蒸気

日本海

日本海側

背の高い山脈

乾燥した風

太平洋側

JPCZ（日本海寒帯気団収束帯）

長白山脈

冬型の気圧配置にともなう北西の風は、朝鮮半島にある背の高い山脈（長白山脈）をさけるように左右に分かれます。この分かれた風が日本海でぶつかると雪雲は発達します。これをJPCZ（日本海寒帯気団収束帯）といいます。JPCZができると、発達した雪雲が次々とかかり続け、記録的な大雪となります。

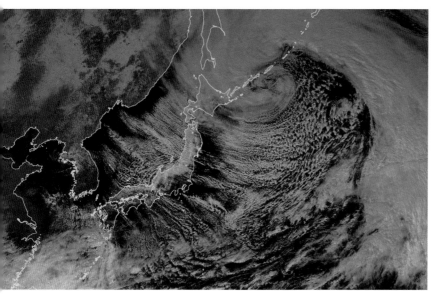

冬型の気圧配置の時の気象衛星からの雲画像。日本海にびっしりと雪雲が並び、これが日本海側に雪を降らせる。（気象庁提供）

冬型の気圧配置になって、日本海側で雪が降る時は、雷が鳴ることがあります。この雷を「雪起こし」といいます。

夏の雷とちがって、たまにドカンと鳴る程度です。ただ、とても大きなエネルギーを持った雷が発生することがあります。

冬型の気圧配置の時の気象レーダー画像の例。×は雷を表す。（気象庁提供）

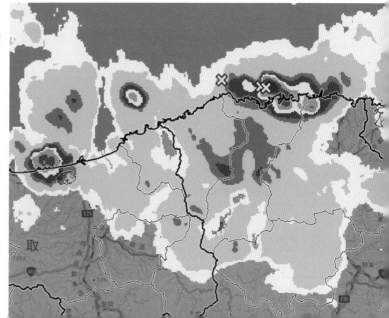

太平洋側で降る雪

　日本海側とはちがい、太平洋側はあまり雪は降りませんが、それでも年に数回は大雪になることがあります。

　太平洋側で雪が降るのは、本州の南海上を低気圧が進む「南岸低気圧」と呼ばれる気圧配置の時です。南岸低気圧は西から東へとすぐに通りぬけてしまうため、雪の降る時間は短いものの、降り方は強く、あっという間に10cm以上積もってしまうこともあります。

　しかし雨か雪か微妙な気温のところで降ってくるため、予測はとてもむずかしく、予報士泣かせです。

大雪になった

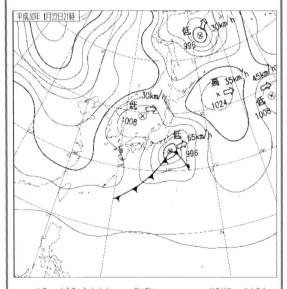

この時は東京都心でも最大で23cmの積雪を観測するなど各地で大雪となった。（気象庁提供）

雨で終わった

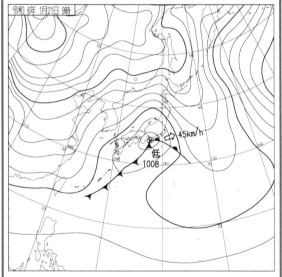

この時は大雪が心配されたが、山沿いの一部をのぞいて、雨で終わった。（気象庁提供）

冬型の気圧配置が強まり、上空に非常に強い寒気が流れこんだ時は、雪雲の一部が山を越えて、太平洋側にも雪を降らせることがあります。

右は冬型の気圧配置が強まった時の気象レーダーの例です。よく見ると、雪雲が山を乗り越え、太平洋側の名古屋にも、その一部がかかっているのがわかります。

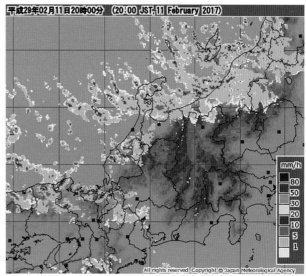

平成29年02月11日20時00分 (20:00 JST-11 February 2017)

冬型の気圧配置が強まった時は、日本海からの雪雲が太平洋側に流れこみ、雪を降らせることもある。(気象庁提供)

積雪の深さの記録は？

気象庁は積雪の深さ（積雪深）も観測しています。下の図は、全国の主要都市で一番雪が深く積もった時の記録です。これを見ると、日本海側では都市部でも1mを超える積雪が記録されているのがわかります。また東京でも過去には46cmという記録があります。

なお日本の積雪記録第1位は、伊吹山(滋賀県)の1182cm、第2位は酸ケ湯（青森県）の566cmです。

2024年2月現在
気象庁の観測データをもとに作成

道路の雪や氷

　雪や雨が降った後に冷えこむと、道路が凍ってすべりやすくなります。こういう時に自転車に乗るのは、とても危険なので絶対にやめましょう。

　雪のある路面や、凍結した路面を歩く時は、「ペンギン」のように、歩幅を小さくして歩くとよいといわれています。転んでもいいように両手を空けておくといいでしょう。また、すべりどめがついた長靴も効果があります。

雨や雪が降らなくても

　雨や雪が降っていなくても油断は禁物です。道路に霜がおりたり、霧や露の水分で路面がぬれて、それが凍ったりすることがあるからです。

　このようなタイプの凍結を「無降水凍結」といいます。日かげや橋の上などは、無降水凍結の発生しやすい場所です。また、冷えこんで霧の出た朝も要注意です。

道路におりた霜

道路雪氷の分類

道路の上にある雪や氷のことを道路雪氷といいます。道路雪氷は、その見た目や性質によって分類され、いろいろな名前がつけられています。その一部を以下に紹介します。種類によって、すべりやすさや危険度は異なります。

つやつやで光って見える時は、特にすべりやすいと覚えておくとよいです。

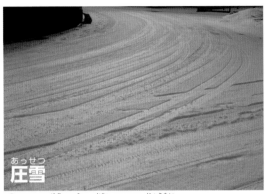

圧雪

積もった雪が踏み固められた状態。まだとけたり凍ったりはしていない

つぶ雪

車がよく通る場所で、小さな雪玉がたくさんできてザクザクになった状態

すべりやすい氷板

とけかかった雪が凍ってできた分厚い氷の板。スケートリンクのようによくすべる

すべりやすい氷膜

道路の上にできたうすい氷の膜で、とてもよくすべる。路面が光って見える

意外にすべるシャーベット

水分を多く含んだ雪がとけかかって、べちゃべちゃになったものをシャーベットといいます。タイルや道路の白線、鉄板の上などにあるシャーベットは、凍っていなくても非常によくすべるので、街中を歩く時は注意が必要です。

タイルの上のシャーベット

積乱雲による災害

落雷、竜巻などの突風、ひょうにも注意しよう

　積乱雲は、別名「かみなりぐも」とも呼ばれ、雲の下ははげしい雷雨となっています。積雲が発達して背が高くなったもので、その高さは約10kmにもなります。ただ1つの雲の幅はせまく、雨の範囲はせいぜい十数kmほどです。

　積乱雲はさまざまな気象災害を引き起こすもととなります。集中豪雨の原因となる線状降水帯（p33）、はげしい暴風雨を引き起こす台風（p44）、記録的な大雪の原因となるJPCZ（p51）、これらはすべてたくさんの積乱雲が集まったものです。

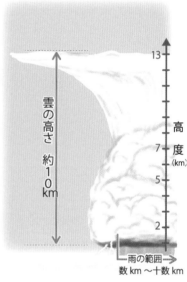

雲の高さ　約10km

高度（km）

13 / 7 / 5 / 2

雨の範囲　数km〜十数km

積乱雲の一生

　積乱雲の一生は大きく発達期、最盛期、衰弱期の3段階に分けられます。発達期の段階ではまだ積雲です。積乱雲へと変わるころに最盛期をむかえ、雲の下ははげしい雷雨となります。しかし1つの積乱雲の寿命は短く、雨を降らせるようになってからは30分くらいでくずれてしまいます。

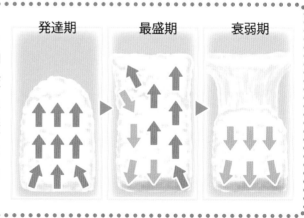

発達期　最盛期　衰弱期

大気の状態が不安定とは？

　地上と上空の気温差がとても大きくなると、その状態を解消しようと上下方向の空気のかきまぜが起こります。これを対流といいます。対流によって生まれる強い上昇気流が、積乱雲を発達させます。この対流が発生しやすい状態を「大気の状態が不安定」といいます。

　上空に強い寒気が流れこんできた時や、地面付近の気温が上がりすぎた時、それから暖かく湿った空気が流れこんできた時に大気の状態が不安定となります。

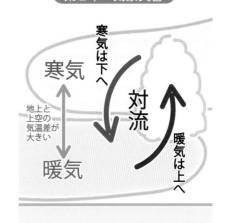

積乱雲接近時に注意が必要なこと

　大気の状態が不安定な時は、積乱雲が発達しやすく、晴れていても天気が急に変わることがあります。こういう時は急な雷雨に注意が必要です。

　また積乱雲は雷雨のほかに、竜巻などのはげしい突風を引き起こしたり、ひょうを降らせたりすることもあります。

　竜巻などのはげしい突風は、巻きこまれるととても危険です。またひょうは農作物に被害をもたらし、車やビニルハウスに穴を開けてしまうこともあります。ひょうの粒が大きい時は、当たるとケガをすることもあります。

　こまめに空模様や気象レーダーを確認し、危険を感じたら早めに安全な場所に移動するようにしましょう。

積乱雲の注意事項
●急な強い雨
●落雷　●ひょう
●竜巻などのはげしい突風

ひょうによって葉がボロボロになったレタス。

⚠ 雷注意報
　積乱雲が発生して、急な強い雨、落雷や突風、ひょうなどに注意が必要な時に発表される。

⚠ 竜巻注意情報
　積乱雲が発達して、竜巻などのはげしい突風が発生しやすい状態になっている時に発表される。情報の有効期間は1時間で、さらに注意が必要な状態が続く時はまた新たに発表される。

雷の音が聞こえたらすぐに安全な場所へ

雷の音が聞こえる範囲は約20km※といわれています。もしゴロゴロという雷鳴が聞こえたら、積乱雲がかなり近づいてきており、いつ近くに落雷してもおかしくない状況です。外にいる時は早めに建物の中に入りましょう。電車や車の中は比較的安全なので、あわてないようにしましょう。

●木の下で雨宿りは絶対ダメ！

もし木に雷が落ちると、そのエネルギーが近くにいる人にも伝わる（側撃雷）。高い確率で命にかかわるためとても危険。

側撃雷

雷は高いところに落ちる性質があります。開けた場所にぽつんと立っていると危険です。また電柱やえんとつなどからはなるべく４m以上（高い木は枝葉の先から２m以上）離れるようにしてください。家の中にいる時は比較的安全ですが、すべての電気製品や天井、壁から１m以上離れればより安全です。

※その時の状況によっても異なるのであくまで目安。

電気製品にも注意しよう

雷が近くに落ちると、雷サージと呼ばれる強い電気が、電線などを伝ってきて、電気製品がこわれてしまうことがあります。パソコンや電話、テレビなどの精密な機械ほどこわれやすいため、雷がはげしい時はコンセントからプラグをぬき、インターネット回線や電話線も外したほうが安全です。また雷サージ対策グッズも売られているので、活用するとよいでしょう。

はげしい突風にはいくつかの種類がある

積乱雲が近づくと、はげしい突風による被害が出ることがあります。はげしい突風は、竜巻のほかにもいくつか種類があります。

竜巻は、積乱雲の下にできるはげしい風の渦巻で、ゆっくり移動しながら数kmにわたって被害をもたらします。

ダウンバーストは雲の中の「冷たく重い空気のかたまり」がいきおいよく落ちてきて、さらにそれが地面にぶつかって周辺に広がったものです。木々をなぎ倒してしまうほどの力があります。

ガストフロントは、積乱雲の下にできた冷たく重い空気が、雲の外側へと流れだした時、その先頭で吹く突風のことです。

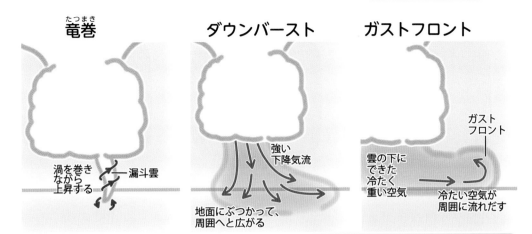

竜巻

渦を巻きながら上昇する　漏斗雲

ダウンバースト

強い下降気流

地面にぶつかって、周囲へと広がる

ガストフロント

ガストフロント

雲の下にできた冷たく重い空気

冷たい空気が周囲に流れだす

竜巻が近づいてきたら…

　竜巻ははげしい風の渦巻で、外にあるものを片っぱしから巻き上げてしまいます。電柱や太い樹木をなぎ倒し、看板や物置、車なども吹き飛ばされてしまいます。竜巻の直撃をさけることができたとしても、これらの飛ばされてきたものによって建物がこわれたり、ケガをしたりするおそれがあります。

　もし外にいる時に竜巻が近づいてきたら、木や電柱からはじゅうぶんに離れ、近くの頑丈な建物に避難しましょう。街中ではビルとビルのすきまで、かがんでやり過ごす方法もあります。

　室内にいる時は、窓やカーテンを閉め、窓から離れます。可能であれば机やテーブルの下などに入って頭を守りましょう。

竜巻の強さを表す藤田スケール

　竜巻はピンポイントで発生する現象であるため、その強さを機械で観測するのは困難です。そこで被害の状況をもとに、竜巻の強さをはかることができるようにしたのが藤田スケール（Fスケール）です。1971年、藤田哲也博士によって考案され、現在は世界じゅうで使われています。ちなみに日本ではまだF4以上の竜巻は発生していません。

	風速の目安	被害状況の例
F0	17〜32m	小枝が折れたり、小さな木が倒れたりする。テレビアンテナなどが倒れる。
F1	33〜49m	屋根瓦が飛び、窓ガラスが割れる。ビニルハウスがはげしくこわれる。
F2	50〜69m	屋根が吹き飛ばされ、こわれる家も出てくる。大木も倒れる。自動車が道路から吹き飛ばされる。
F3	70〜92m	多くの家がこわれ、列車もひっくり返る。自動車は大きく飛ばされる。森林の木々の大半が倒される。
F4	93〜116m	ほとんどの家がバラバラにこわれ、鉄筋づくりの建物もつぶれる。自動車は数十m先にまで吹き飛ばされる。
F5	117〜142m	すべての家が跡形もなく吹き飛ばされる。自動車や列車ははるか遠くにまで吹き飛ばされる。

気象庁ホームページをもとに作成

積乱雲接近時の空模様の変化

　積乱雲はとても大きな雲で、かなり離れた場所からでないとその全体像がつかめません。もし、もくもくと高くそびえ立つ積乱雲の全体像が見えている場合は、その雲は今いる場所からは、少し離れた位置にあります。

　積乱雲が近づいてくると、雲のある方角の空が青黒く見えます。もしゴロゴロという雷の音が聞こえる時は、半径20km以内のところにまで雲がせまってきています。いつ近くに落雷してもおかしくない状態なので、外にいる時は、すぐに安全な場所に移動しましょう。

　さらに近づいてくると、雲のほうから冷たい風がサーッと流れてくるようになります。また、遠くで降っている雨がす

じや柱のように見えます。

　特に発達した積乱雲では、土手のような黒雲の帯（アーチ雲やロール雲）、それからおわんの底のように低くたれこめる黒雲（壁雲）が見えることもあります。

積乱雲接近のサイン

- ●空の一部が急に暗くなる
- ●ゴロゴロと雷の音が聞こえる
- ●急に冷たい風が吹きはじめる
- ●雨の柱（降水雲）が見える
- ●黒い雲の帯（アーチ雲やロール雲）が近づいてくる
- ●おわんの底のような低い黒雲（壁雲）が見える

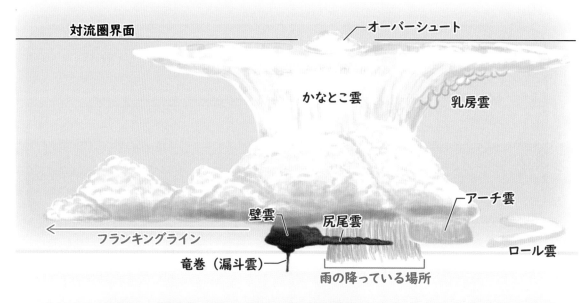

対流圏界面　　オーバーシュート

かなとこ雲　　乳房雲

壁雲　尻尾雲

アーチ雲

ロール雲

フランキングライン

竜巻（漏斗雲）

雨の降っている場所

発達した積乱雲の周りで見られる雲・現象

　これらの雲や現象は、必ず全部見られるとは限らない。竜巻は壁雲の下で発生しやすいので、それが見える時は特に注意が必要。

特に気をつけたい雲

　積乱雲が近づいてくると、さまざまな雲や現象が見られますが、中でも特に危険な現象の前ぶれとして現れやすいものをいくつかピックアップしました。これらが見える時は、すぐに身の安全を確保しましょう。

アーチ雲

　土手のように長くのびた黒雲の帯。この雲が真上にきた瞬間に、ガストフロントという突風が吹き、大粒の雨が地面をはげしくたたきつける。

壁雲

雲の底が一段低くなって、スカートやおわんの底のように見える。竜巻はこの下にできやすい。

青緑色の雲

不気味にはげしく動き回る黒雲のすきまから青緑色にかがやく部分が見えることもある。

かなとこ雲のてっぺんを突きぬけたように見える部分で、雲が非常に発達しているサイン。この雲自体は遠く離れた位置にあるが、いつ危険な積乱雲が近くに発生してもおかしくない状態といえる。

オーバーシュート

温暖化と気象災害の関係は？

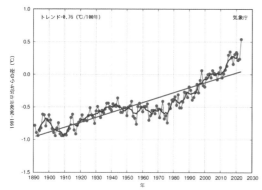

世界の平均気温の変化。100年で0.76℃の割合で上昇している。（2023年時点。気象庁提供）

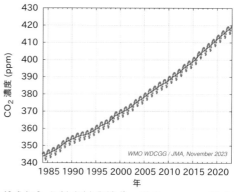

空気中の二酸化炭素濃度の変化。（2023年時点。気象庁提供）

　近年、地球の平均気温がどんどん高くなっていて、これを地球温暖化といいます。

　地球温暖化が進むと、雨の降りかたがはげしくなったり、強力な台風が近づいたりするなどして、気象災害による被害が大きくなると考えられています。

　一方で雪の降る量は減っていくといわれています。しかし海水の温度が高くなることで、雲が発達しやすくなるため、場所によっては、かえって雪の降りかたが強くなる可能性があります。

　地球温暖化の原因の１つと考えられて

いるのが、人間活動によって排出される二酸化炭素です。そこで最近は、二酸化炭素を減らす取り組みも広がりつつあります。しかし残念ながら、空気中の二酸化炭素濃度の増える勢いはまったく変わっていません。

　地球温暖化をはじめとするさまざまな環境問題は、わたしたち人間によって引き起こされた「地球の病気」ともいえます。手遅れにならないよう、地球にやさしい取り組みを積極的に進めていく必要があります。

さくいん

本書は、2022年5月に小社より刊行された『雲を知る本』を再編集し、大判化したものです。

●プロフィール●

岩槻秀明（いわつき　ひであき）

宮城県生まれ。気象予報士。千葉県立関宿城博物館調査協力員。日本気象予報士会、日本気象学会、日本雪氷学会、日本植物分類学会会員。
自然科学系のライターとして、植物や気象など自然に関する書籍の製作に携わる。自然観察会や出前授業などの講師も多数務める。また「わぴちゃん」の愛称でテレビなどのメディアにも出演している。

【気象に関する主な著書】
『図解入門　最新気象学のキホンがよ〜くわかる本』（秀和システム）/『最新の国際基準で見分ける雲の図鑑』（日本文芸社）/『気象予報士わぴちゃんのお天気観察図鑑』（いかだ社）など。
公式ホームページ「あおぞら☆めいと」
https://wapichan.sakura.ne.jp/
公式ブログ「わぴちゃんのメモ帳」
https://ameblo.jp/wapichan-official/
公式Xアカウント　@wapichan_ap

【参考文献】
『天気図と気象の本 改訂新版』宮澤清治著（国際地学協会）/『最新 天気予報の技術 改訂版』天気予報技術研究会編(東京堂出版)/『雪と氷の事典』(社)日本雪氷学会監修（朝倉書店）/『雷と雷雲の科学』北川信一郎著（森北出版株式会社）
気象庁ホームページ　https://www.jma.go.jp/jma/index.html
国土交通省　マイ・タイムライン
https://www.mlit.go.jp/river/bousai/main/saigai/tisiki/syozaiti/mytimeline/index.html

写真・図版・イラスト●岩槻秀明　編集●内田直子　本文DTP●渡辺美知子　装丁●トガシユウスケ

【図書館版】気象予報士わぴちゃんの
お天気を知る本　気象災害と防災

2024年3月12日　第1刷発行

著　者●岩槻秀明
発行人●新沼光太郎
発行所●株式会社いかだ社
　　　〒102-0072東京都千代田区飯田橋2-4-10加島ビル
　　　Tel.03-3234-5365　Fax.03-3234-5308
　　　E-mail info@ikadasha.jp
　　　ホームページURL　http://www.ikadasha.jp/
　　　振替・00130-2-572993
印刷・製本　モリモト印刷株式会社